趣味漫画
变通思维

师鲁贝尔
编著

四川教育出版社

图书在版编目（CIP）数据

变通思维 / 师鲁贝尔编著. -- 成都：四川教育出版社，2025.1. --（趣味漫画）. -- ISBN 978-7-5408-9632-4

I. B804-49

中国国家版本馆CIP数据核字第2025NJ7332号

趣味漫画变通思维
QUWEI MANHUA BIANTONG SIWEI

师鲁贝尔 编著

出 品 人	雷 华
责任编辑	陈鸿鹏
责任校对	姜 南
责任印制	许 涵
封面设计	春浅浅
出版发行	四川教育出版社
地　　址	四川省成都市锦江区三色路238号新华之星A座
邮政编码	610023
网　　址	www.chuanjiaoshe.com
印　　刷	三河市兴达印务有限公司
版　　次	2025年3月第1版
印　　次	2025年3月第1次印刷
开　　本	880 mm×1230 mm　1/32
印　　张	4
书　　号	ISBN 978-7-5408-9632-4
定　　价	29.80元

如发现印装质量问题，影响阅读，请与本社联系。
总编室电话：（028）86365120　编辑部电话：（028）86365129

目录

001 班级"和事佬"的智慧——中立地解决问题

002 帮转学学生融入班级,该怎么做?

004 同学在篮球场上起了冲突,该怎样平息风波?

006 班委辛勤付出,该怎样表达感谢?

008 课堂讨论大家沉默寡言,该怎样活跃气氛?

010 辩论赛上大家热情高涨,该如何避免辩论变吵架?

012 团队讨论时,该怎么让大家都有参与感?

014 拔河比赛首战告负,该如何激励同学们不气馁?

016 乒乓混合双打比赛失利,该自责还是该责怪队友?

018　拍摄集体照时，该怎样让队伍井然有序？

020　班级植树活动，该怎样让大家行动起来？

022　队员不服从安排，作为队长该如何应对？

024　自习时大家又吵又闹，该不该出面管理？

2　027　语言的魔法棒——直来直去不如巧妙表达

028　向爸爸妈妈道歉，该怎样说更真诚？

030　得到别人的赞扬时，该怎样得体地回应？

032　不喜欢邻居阿姨开的玩笑，该如何回应？

034　亲戚询问成绩时，该如何巧妙回答？

036　赞美他人，该怎样才更显真诚？

038　同学喜欢攀比，该如何婉拒？

040　图书馆内有人喧哗，该如何礼貌提醒？

042　餐厅上餐太慢，该怎样礼貌催促？

044　分享物品被误解为炫耀，该如何处理？

046　获得"清洁标兵"称号时，获奖感言该怎么说？

3 善良不软弱——善良应该带点锋芒

049

050 总迁就朋友，
   这样对吗？

052 同学在背后说坏话，
   该如何应对？

054 没办法答应朋友的邀约，
   该如何拒绝？

056 朋友的玩笑有些过分，
   该生气吗？

058 不借钱给同学买水，
   就是小气吗？

060 和别人想法不同，
   就一定错了吗？

062 同学强行"借"文具，
   该借吗？

064 朋友什么事都想独断，
   该如何应对？

066 有陌生人不认识路，
   该帮他带路吗？

068 排队时有人插队,该制止吗?

070 "丑照"被同学公开,该忍耐吗?

4 073 灵活地解决问题——方法总比困难多

074 给同学送的礼物,越贵重越好吗?

076 爸爸妈妈总是聊孩子的糗事,该如何回应?

078 被同学误会了,该如何澄清?

080 上台做演示时出糗,该怎么办?

082 做黑板报的时间紧迫,该如何应对?

084 比赛前主力受伤,该如何逆转局势?

086 心爱的模型被人弄坏,该怎样索赔?

088 与朋友意见不合,该如何委婉表达?

090 被误会实验操作错误,该如何澄清?

092 说错话伤害到了朋友,该如何补救?

094 和朋友的解题方法有分歧,该怎么办?

5 思维大转弯——让事情变得更简单

098 多学一种解题思路，考试能否举一反三？

100 表哥久寻工作无果，为什么不随便做一个？

102 黑板报比赛，该如何脱颖而出？

104 同桌的成绩不理想，他为什么依旧干劲十足？

106 同学的作业借鉴了名画，老师为什么夸他？

108 老师讲解难题时，为什么喜欢假设一个答案？

110 景区里的拍照位置被抢占，该怎么办？

112 爸爸打算创业，他为什么要做好失败的准备？

114 为了胜利，可以不顾一切吗？

116 身边的人都很优秀，该怎么摆正心态？

118 同桌上课时喋喋不休，该怎样提醒她？

1

班级『和事佬』的智慧
——中立地解决问题

帮转学学生融入班级，该怎么做？

新学期，班里转来一位男生，名叫谢彬。

钟嘉明提议要与新同学好好相处，同学们纷纷点头。

第二天班会,谢彬在讲台上做自我介绍。

见大家很欢迎他,谢彬逐渐放松下来。

敲黑板

新同学面对陌生的人和环境,往往会感到紧张与不安。作为班级的一分子,我们要表现出积极欢迎的态度,帮助新同学更快地融入集体。

同学在篮球场上起了冲突,该怎样平息风波?

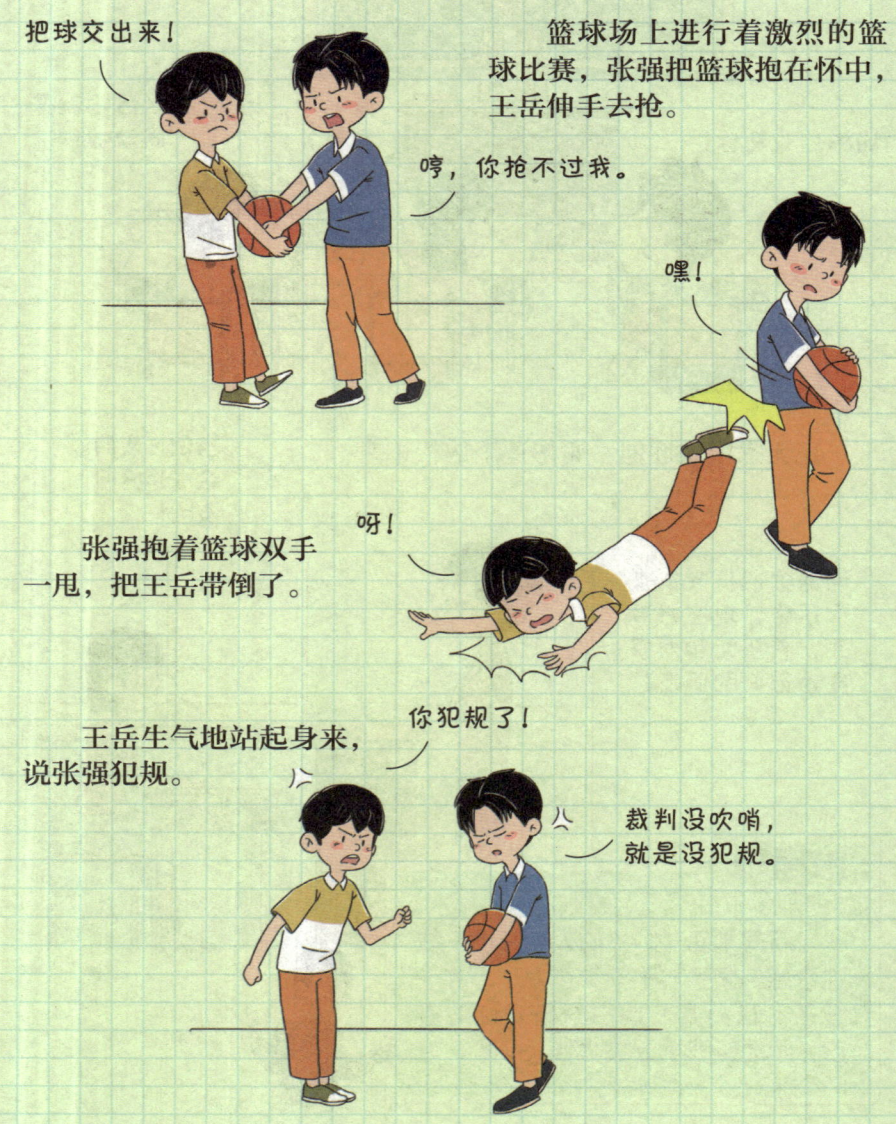

二人争吵起来,球赛被迫暂停。

哪有裁判?张强你真野蛮!

抢球本来就是要发力的,你力气没我大而已。

不是我想吵,是张强太过分了!

别吵啦!大家都是同学,没必要生气。

这时,钟嘉明出面调解王岳和张强的冲突。

我这是正常动作!

张强的动作确实大了些,毕竟这只是我们自己组织的比赛。但他应该不是故意的。

好吧,王岳,对不起,是我动作太大让你摔倒了,希望你能原谅我。

对,这又不是正规比赛,你动作太大了!不过你既然不是故意的,我就原谅你了。

敲黑板

同学发生冲突时,我们应当客观地分析问题,引导双方换位思考,鼓励双方以和平、理性的方式解决冲突。

班委辛勤付出，该怎样表达感谢？

放学后,钟嘉明召集同学,提议给苏晶举办一个感谢会。

第二天,同学们提前布置好教室,准备给苏晶一个惊喜。

苏晶走进教室,惊讶地捂住了嘴,眼眶湿润,深刻地感受到了同学们的谢意。

敲黑板

担任班委是很不容易的一件事,班委需要投入很多的时间和精力,处理各种烦琐的事情。作为同学,我们应该理解并感谢班委的付出。

课堂讨论大家沉默寡言，该怎样活跃气氛？

数学课上，老师让大家讨论一元一次方程的解法。

刚刚我们学习了一元一次方程的解题技巧，现在请大家分组交流，讨论一下这道题的解法吧。

同学们一声不吭，钟嘉明有些不知所措。

老师让讨论问题，大家怎么都没反应呢？

呵——哈——

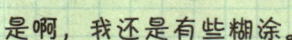

是啊，我还是有些糊涂。

方程好难啊，感觉我们也讨论不出什么名堂。

钟嘉明决定率先开口，打破沉默。

唉，数学真没意思。

大家怎么都不说话呢？是不是被方程难住了？

钟嘉明继续推进话题，鼓励大家勇敢面对难题。

数学的乐趣不就在于解决问题吗？就像寻宝游戏一样，老师已经给了我们许多线索，现在就等着我们找到解题的关键了。

那我们就试试吧！

我们每个人都有自己的理解，也许可以通过讨论来相互补充，共同找到答案。

好像是这么回事。

看来老师是希望我们能够取长补短，发挥各自的长处哇。

我擅长梳理知识点，交给我吧！

说得对。

老师刚提到，课本上的知识点很重要，我们先各自把书上的内容梳理一下，然后再一起讨论吧。

在钟嘉明的积极推动下，大家渐渐找到了解决问题的方向，解题的热情也随之高涨。

行！

那让我们积极应对老师给出的挑战吧！

我们一起努力！

敲黑板

当课堂讨论的气氛沉闷时，需要有人率先开口，展现出积极的态度。只要有人迈出了这一步，就能活跃氛围，让原本沉闷的讨论变得有活力。

辩论赛上大家热情高涨，该如何避免辩论变吵架？

随着钟嘉明公布辩题，辩论赛开始了。

本次的辩题是：刘备与曹操谁更适合当班长。请正方一辩发言。

正方一辩认为曹操更适合当班长。

我方认为，曹操更适合当班长。曹操对纪律要求十分严格，他当班长肯定能提升班级的执行力……

反方一辩从曹操强势多疑的性格着手，反驳正方的观点。

正方一辩避重就轻！曹操虽然重视纪律，但他的性格太过强势多疑，可能会让同学们感到压抑……

双方的火药味越来越浓。

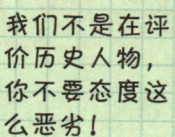

见他们几乎要吵起来了，钟嘉明连忙劝解。

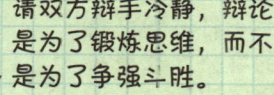

双方在中场休息1分钟后再次上场，此时双方的情绪都平复了很多，比赛也顺利进行了下去。

> **敲黑板**
>
> 当辩论赛的气氛变得紧张时，我们可以通过发挥组织能力来缓和气氛。比如，调节同学的情绪从而营造轻松、积极向上的氛围，引导辩论向有价值的方向进行，等等。

团队讨论时，该怎么让大家都有参与感？

课后，钟嘉明和同学们讨论如何打造班级图书角。

关于打造图书角的事，大家有头绪了吗？

嗯……目前还没有。

张强十分活跃，他的想法很多。

图书角需要什么题材的书呢？

悬疑小说可以吗？

大家喜欢历史小说吗？

总不能放教科书吧！

苏晶想要提出建议，却被张强打断。

借书的规则……

对，如何制定借书的规则？这很重要！

王岳提出问题时，同样被张强打断。

钟嘉明告诉张强，不能老是打断别人。

团队讨论的意义，在于让每个人都能表达自己的想法。

敲黑板

团队讨论时，必须营造一个开放、包容且每个人都愿意发言的氛围。当有人发言时，其他成员应认真倾听和保持尊重，避免打断、抢夺话题或过早地反对。

拔河比赛首战告负，该如何激励同学们不气馁？

班级拔河比赛，双方选手僵持不下。

一番僵持之后，钟嘉明所在的队伍最终落败。

第一场就输了，大家都很沮丧。

钟嘉明鼓励大家不要放弃，后面还有几场比赛，大家应该拼尽全力。

只是输了一场而已，接下来还有比赛呢，大家加油。

可第一场就输了，接下来要全胜才能晋级。

那就是还有机会，每场比赛都是新的开始，全力以赴吧！

加油！

加油！

所有人把手搭在一起，大喊"加油"打气。

敲黑板

竞技比赛中，失败是在所难免的，但不能因为身处逆境就轻言放弃。当同学们灰心丧气时，我们应当积极鼓励大家，让大家团结一致，继续努力。

乒乓混合双打比赛失利，该自责还是该责怪队友？

校运会新增了乒乓球混合双打的比赛项目，钟嘉明积极报名。

虽然苏晶不会打乒乓球，但钟嘉明希望她能当自己的搭档。

钟嘉明鼓励苏晶参与比赛，她不会打，自己可以教她。

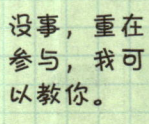

尽管每天都训练，但比赛时钟嘉明和苏晶还是输了。

要不是你接不住球，我们肯定能赢。

我……对不起。

班主任批评钟嘉明把失败完全归咎于队友的行为。

怎么能这么说苏晶？她只是个初学者，更何况你也有失误。

灯光太刺眼了，难免失误。可是大部分球我都接住了！

是你邀请苏晶参赛的，她接不住球有没有可能是你没教好呢？不要把失败都归咎于环境和队友。

我……我明白了，确实也有我的问题。

敲黑板

向外归因虽能暂时缓解内心的压力与不安，但从长远来看，它会阻碍我们的成长与进步。遭遇失败时，我们应该先反思自己，而不是把原因都归于外界。

拍摄集体照时，该怎样让队伍井然有序？

夏令营快结束时，班主任要帮大家拍集体照。

大家都在争抢位置，队伍乱作一团。

钟嘉明决定站出来协助老师整理队伍。

这样乱挤，集体照怎样也拍不好的。我来组织队形吧！

好！

靠你啦！

矮的同学站前面，高的同学站后面，前面的同学半蹲。

没问题！

明白！

最后，大家拍到了一张和谐的集体照。

敲黑板

拍集体照时，如果每个人都只顾自己争抢位置，一定会造成混乱的局面，这时我们有责任站出来组织队形，维护秩序，确保每个人都能被清晰地拍摄到。

班级植树活动，该怎样让大家行动起来？

一年一度的植树节到了，同学们积极地进行植树活动。

同学们挤在一起，手忙脚乱，发生了不少意外。

这样下去根本完不成任务。于是，钟嘉明号召大家分组行动。

同学们，我们应该分组行动，每组负责一块区域。

那你、我、张强、李响一组吧！

钟嘉明建议大家按照植树的工序进行分工。

我们来分一下谁负责挖坑,谁负责扶树苗……大家齐心协力,按步骤进行。

这样就不会铲断小树苗了!

大家有序地植树,在原本空旷的土地上种下了一排排树苗。

敲黑板

团队工作需要注重秩序和流程,只有合理分配各个成员的任务并明确工作步骤,才能减少混乱,避免冲突,确保工作高效推进。

队员不服从安排,作为队长该如何应对?

学校组织了一场足球赛,许小夏被足球队全体成员推选为队长,负责队员的出场安排和比赛的战术制订。

可是许小夏制订的战术没有起效。中场休息时,球队中的气氛开始变得有些紧张。他重新调整了战术,但有位队员却不肯服从安排。

前锋一旦抢到球,可以快速把球传给大川。

你这是怎么安排的?这样下去我们就输了!应该这么……

你是队员,既然大家选我当队长,就得听我的安排。

许小夏和他争吵了起来,大川赶紧出面调解。

小夏,你不能这么说,队长也要听取队员的意见,否则容易引起内讧。

没错,但队长采纳队员的有益意见,与队员达成一致,这样就不乱了不是吗?

可要是每个人都提意见,团队岂不是乱套了?

有道理,大家也是为了团队好。刚刚是我做得不对。

在大川的提醒下,许小夏和那位队员重新进行了沟通。

对不起,刚才是我不对,无视了你的意见。

没关系。

我想了想,你的战术也有可取之处,要不我们再和其他队友商量一下,大家一起调整战术,怎么样?

好的!其实我也做得不好,我应该信任你。

多谢理解,我们这就去找大家谈谈你的战术,或许其他人有更好的战术。

经过许小夏的努力沟通,球队内很快就达成了一致。在队员们的帮助下,许小夏制订了一个更好的战术。

好,我们走吧!

敲黑板

作为团队的领导者,当成员有不同意见时,既要清晰地表达自己的观点,也要积极倾听对方的意见,同时运用适当的语言进行表达,寻求双方都认同的解决方案。

自习时大家又吵又闹，该不该出面管理？

晚自习时，教室里又吵又闹，乱成一团。

"怎么这么吵，大家都不坐在自己的位置上。"

原来是班主任不在，大家"放飞自我"了。

"李响，今天怎么回事，教室里乱糟糟的。"

"因为今天班主任不在呀。"

"班主任不在，也不能不守纪律呀。"

不管班主任在不在，同学们都应该遵守纪律。

"难得班主任不在，大家就'放飞自我'了呗。"

钟嘉明决定制止吵闹的同学。

在钟嘉明的制止下，教室里恢复了安静。

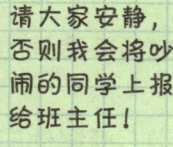

当同学不守纪律时，我们有责任站出来制止，这不仅是作为班级一员的义务，更是维护班级学习氛围的要求，同时也是个人组织能力的体现。

变通思维小总结

本章介绍了在面对问题和挑战时，如何从不同角度、不同层面进行思考，并运用变通思维寻找有效的解决方案的能力。

❶ 协调团队：如果你是一名小领袖，要合理地分配任务，确保每位成员了解自己的职责，并通过组织团队活动增强成员间的默契。

❷ 觉察情绪：当团队面临挑战时，作为领导者要能够觉察成员的情绪变化，时刻保持乐观的态度，主动为大家营造积极的团队氛围。

❸ 提高效率：制订清晰的规则和流程，让每位成员都清楚团队的规则，这样团队做事才能有条不紊。

❹ 表达感激：别忘了常常用真心话夸夸小伙伴们，感谢他们的付出和努力。

变通思维小挑战

接下来的一周里，每天做一件帮助别人的小事，比如主动帮忙打扫教室，或者帮同学解答难题。过段时间看看会有哪些积极影响。

2

语言的魔法棒——直来直去不如巧妙表达

向爸爸妈妈道歉，该怎样说更真诚？

今天吴小庆的爸爸妈妈有事外出，只剩吴小庆和妹妹在家，于是家里的客厅成了他的"篮球场"。

哈哈，扣篮大赛开始了！

哥，别玩儿了，小心砸到东西！

突然，篮球击中了客厅的盆栽，盆内植物被砸歪，泥土洒落一地。

完了，这下糟了。

你闯祸了，哥！

该怎么办？爸爸妈妈肯定会很生气的。

哥，做了错事就得勇于承认，你觉得该怎么办呢？

吴小庆愣在原地，手足无措，他慌张地向妹妹求助，希望能找到解决问题的办法。

那就先把这里打扫干净，然后再给爸爸妈妈写一封道歉信。

听了妹妹的话，吴小庆意识到，向爸爸妈妈坦白并道歉，是弥补过失的唯一办法。

收拾完客厅后，吴小庆在书桌前字斟句酌地写下了表达歉意与反省的信。

等爸爸妈妈回家后，吴小庆将道歉信递给了他们，并深刻地反省了自己的过错。

最终，吴小庆获得了爸爸妈妈的谅解。他们为吴小庆能主动承认错误而感到自豪。

> **敲黑板**
>
> 做错事并不可怕，可怕的是不去改正。只要能吸取教训，每次犯错都能让我们变得更加成熟和负责任。当你真诚地道歉并且努力改正时，相信爸爸妈妈会原谅你的。

得到别人的赞扬时，该怎样得体地回应？

今天，吴小庆爸爸的几位同事登门拜访，一同庆祝他们团队项目的顺利完成。

孩子，听说你最近在学校里获得了数学竞赛的第一名，真是了不起！

李叔叔您好，这个嘛……

突如其来的赞扬令吴小庆有些措手不及，他不知如何回答才妥当。

该如何回应才好呢？是不是该谦虚一些？

这时，在一旁聊天的爸爸向吴小庆走来，给了他一些暗示。

儿子，李叔叔的夸奖是对你的认可，欣然接受就好。

老吴，你就放心吧，你儿子心里有数。

吴小庆深吸一口气,以从容自信的态度回应了李叔叔的夸奖。

谢谢李叔叔的夸奖,我很喜欢数学,每次解数学题都像探险一样,很有趣。

看来你不仅聪明,说话也很有礼貌呢!

你将来肯定能成为数学家!

哪里哪里,李叔叔过奖了,我会继续努力的。

李叔叔继续表扬吴小庆,为了不显得骄傲,吴小庆适度地谦逊了一下。

谢谢爸爸,我觉得这比获了奖还开心呢!

儿子,你今天的表现很好,知道如何得体地接受赞美了。

敲黑板

作为家庭的一分子,我们有义务陪爸爸妈妈招待好客人,做到热情友好、彬彬有礼,让客人满意。在待人接物的过程中,还可以锻炼我们的交际能力。

李叔叔他们走后,吴小庆的爸爸对他回应他人赞赏的行为表示了肯定。

不喜欢邻居阿姨开的玩笑，该如何回应？

这几天放学回家，吴小庆总是小心地选择一条能避开张阿姨的路线。

张阿姨喜欢对吴小庆开一些小玩笑，尽管没有恶意，但也时常让他感到尴尬。

吴小庆无法再忍受这种像是被捉弄的感觉，于是向妈妈诉说了自己的烦恼。

> 妈妈，张阿姨老是开我玩笑，我都不想回家了。

> 张阿姨只是性格开朗，你试试用幽默的方式回应她吧。

第二天，当吴小庆再次面对张阿姨的玩笑时，他决定试试妈妈的建议。

> 小吴，你的头发今天怎么这么乱，是不是昨晚和外星人赛跑去了？

> 哈哈，张阿姨，这是因为外星人昨晚想要和我学习如何做发型呢！

没想到，幽默的回应不仅缓解了吴小庆的尴尬，还意外地拉近了他与张阿姨的距离。

不久后，吴小庆找到了一个适当的时机，向张阿姨坦诚地表达了自己的感受。

从此，吴小庆与张阿姨之间形成了一种相互尊重和理解的和谐关系。

敲黑板

面对他人善意的玩笑，不妨以幽默的方式回应，这不仅能化解尴尬的局面，还能避免气氛变得紧张，甚至还可能加深彼此的友谊。

亲戚询问成绩时，该如何巧妙回答？

今天，整个家族的人齐聚一堂，参加吴小庆表哥的婚礼，但吴小庆心中却隐隐不安。

大家不会又要问我的成绩吧，这次期末我考得真不怎么样。

当大家在热闹聊天的时候，吴小庆找了一个借口，带着爸爸悄悄地离开了热闹的餐桌。在洗手间中，他向爸爸倾吐了心中的忧虑。

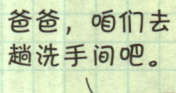

爸爸，咱们去趟洗手间吧。

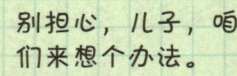

别担心，儿子，咱们来想个办法。

爸爸，万一大家问我成绩怎么办？我这次考得不好。

吴小庆的爸爸给了他一个巧妙的回答方案，让他既能礼貌地回应，又能转移话题。

你可以这样说……

好主意，爸爸真厉害！

吴小庆和爸爸重归餐桌。吴小庆内心比先前多了几分从容。

我准备好了,接下来的"成绩审问"尽管来吧!

不出所料,一位姑姑很快便问起吴小庆的成绩,他按照爸爸教的方法,对答如流。

这次期末考试成绩怎么样啊?

谢谢姑姑关心,我正在努力地提升自我,尤其是在科学实验方面!

通过巧妙地转移话题,吴小庆不但避免了尴尬,还让亲戚们刮目相看。

真不错!你在实验中有什么新发现吗?

确实有几个,都挺有意思的。

敲黑板

亲戚询问成绩时,不必过于紧张。首先要表达对他们关心自己的感激,随后分享你近期的兴趣或目标,展现出你积极向上的学习态度,巧妙地转移话题。

赞美他人，该怎样才更显真诚？

吴小庆非常热爱手工制作，这份热忱离不开他爸爸的赞美和鼓励。

吴小庆爸爸的赞美仿佛具有魔力，总能激发吴小庆面对挑战的勇气，推动吴小庆精益求精。

吴小庆爸爸解释道，他的赞美源自真心，因为他善于发现吴小庆的优点，并乐于表达出来。

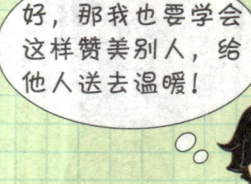

听了爸爸的话，吴小庆意识到自己是赞美的受益者，正是这些赞美激励他持续进步。

吴小庆开始践行真诚赞美之道,有一天,他注意到宋厉在篮球训练的过程中遇到了困难。

唉,怎么又没进,是我太笨了吗?

宋厉,请相信自己,其实你的运动神经很发达!每次和你打球都是一种享受呢。

真……真的吗?

吴小庆察觉到宋厉非常挫败,于是决定用赞美来鼓舞他,唤醒他内心的自信与力量。

最终,宋厉因吴小庆的赞美而重燃斗志,他们相视一笑,友情也因此更加深厚了。

不客气,让我们一起加油吧!

谢谢你!你的赞美就像及时雨一般,让我找回了动力!

敲黑板

真诚的赞美要情真意切,发自内心,让被赞美者从中获得自信和力量。同时也要注意赞美的尺度,用语不能夸大其词,最好恰如其分,含蓄而有力度。

同学喜欢攀比，该如何婉拒？

那个总爱跟许小夏攀比球鞋的袁飞又来找他炫耀新球鞋了。

你以为我买不起吗？我想买多少就买多少！

面对袁飞对自己球鞋的贬低，许小夏放了狠话，决定回家找爸爸帮忙。

你的球鞋不是还能穿吗？怎么又要买？

你的球鞋都旧成这样了，和我的限量版球鞋比起来差远了。

爸爸，可以给我买几双新球鞋吗？

许小夏把在学校里发生的事告诉了爸爸，爸爸认真地听了他的讲述，然后给许小夏讲了自己的看法。

那我该怎么说？

面对无聊的攀比和嘲笑，你不用去反驳，而应该明确地表达自己的态度和想法。

原来如此，我知道了！

坚定立场，适当地表达不满，并从另一角度巧妙回应，让对方意识到自己的问题。

第二天，袁飞又来嘲笑许小夏的球鞋。

这次许小夏没有理会袁飞的攀比和嘲笑，平静地表达了自己的态度后回到了座位上。

许小夏巧妙地处理了这件事，避免了一场没有必要的争执。

敲黑板

面对无聊的攀比，要保持冷静，专注于自己的目标，不要被情绪左右。可以适当地表达不满，巧妙地转换话题表明自己的立场，引导对方关注更有意义的事。

图书馆内有人喧哗，该如何礼貌提醒？

今天周末，许小夏和张秋一起来到图书馆看书学习。

老师布置的作业好多呀，咱们得快点搞定。

嗯，抓紧时间吧。

好吵哇，我都没法集中精神了。

隔壁桌来了几个小学生，他们一直在嬉戏聊天，声音特别大。

你不是想练习表达吗？这是个好机会。

许小夏和张秋被吵得头昏脑涨，决定去洗手间里静一静。张秋建议许小夏去制止那些吵闹的学生。

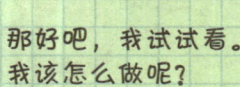

你让我去制止他们吗？可你比我更擅长表达，你去说比较合适吧？

很简单，态度温和地给出友好的提醒，告诉他们在公共场所要注意言行，别影响其他人。

那好吧，我试试看。我该怎么做呢？

许小夏和张秋商量好说辞后，离开了洗手间。许小夏独自走向那些学生，对他们进行劝告。

那些学生听了许小夏的话，表示自己会在接下来的时间里保持安静。

许小夏走回座位，看见张秋正举着他的本子向自己示意，本子上面写着"干得不错"。

敲黑板

遇到有人在图书馆内大声喧哗的情况时，可以用温和的语气提醒对方保持安静，要注意使用礼貌用语和适当的肢体语言，避免直接粗暴的指责。

041

餐厅上餐太慢，该怎样礼貌催促？

今天，许小夏全家去餐厅吃饭，因为正值节假日，餐厅里就餐的人特别多。

终于有位置了，太棒了！

大家都坐吧。

等了好久还没上菜，许小夏等得有点不耐烦了。

耐心点，今天人多，他们可能也忙不过来。

听到妹妹小天提议找服务员问问，许小夏立马自告奋勇，打算亲自去质问他们。妈妈却批评了他。

要不我们去问问服务员？

这菜怎么还不来呀，我都快饿晕了。

我要亲自去问问他们，为什么上菜那么慢！

你怎么能这样问呢，人家会不高兴的。

这种时候直接催促不太好,应该平静、友善地告诉他们你需要什么。

妈妈,那我该怎么说呢?

妈妈告诉了许小夏应该怎样和服务员沟通。听了妈妈的建议,许小夏调整了一下语气,举手将服务员叫了过来。

您好,能麻烦您查一下我们的菜好了吗?我们大概还要等多久呢?

请问有什么需要帮助的吗?

许小夏态度友善地表达了自己的需求。服务员也向他们表达了歉意并承诺尽快为他们上菜。

我们已经等了半小时了,肚子都饿了,能否先给我们上一道菜?谢谢!

好的,辛苦你们了。

敲黑板

提醒服务员上菜时,可以设身处地地考虑对方的感受,礼貌地询问菜品状态并诚恳地说明自己的需求,必要时可以试着提出具体的解决办法。

我向你们表达我们的歉意,让你们久等了。我现在去厨房问问你们的菜做好没有,会尽快为你们上菜的。

分享物品被误解为炫耀，该如何处理？

今天李叔叔从国外出差回来，给许小夏的爸爸带了小礼品。爸爸把李叔叔送的曲奇给了许小夏，让他和同学们分享。

哇！爸爸，这个曲奇真好吃！

这是你李叔叔从国外带回来的，你拿去和同学们一起分享吧。

许小夏拿着曲奇，先跑到妈妈和妹妹面前和她们分享这件事。

哥哥，这个曲奇盒真漂亮！

这是爸爸特意给我的，我想跟同学们分享，这可是来自……

正当许小夏讲述着这盒曲奇的价值与来历时，妹妹提醒他，这可能会让人感觉他在炫耀。

哥哥，如果你一直在强调这盒曲奇的价值与来历，分享就会变成炫耀了。

妈妈听到他们的对话后，和妹妹一起给许小夏提出了建议。

小夏，你有分享的精神，这很好，但你要保持谦虚。分享是为了让大家感受到快乐。

对，你应该告诉大家你想和他们一起享受这份快乐。

那我应该怎么说呢？

第二天,许小夏与同学们分享了曲奇。

小夏,这里边装的是什么呀?

这里面是很好吃的曲奇,我想和大家一起分享!

按照妈妈和妹妹的建议,许小夏以轻松愉快的方式描述了曲奇的味道,还表达了分享的愿望。

太好了!谢谢小夏,那我们就不客气了!

今天我把这份美味带给大家,如果你们喜欢,我会很开心的!

看到同学们脸上的笑容,许小夏感到很开心。

原来分享时用这样的表达方式能让更多人感受到快乐呀。

敲黑板

当与别人分享某个物品时,应注重表达个人的感受,而不是过分强调物品的价值与来历;要用分享的喜悦感染对方,传达你希望对方也能享受到这份美好的愿望。

获得"清洁标兵"称号时，获奖感言该怎么说？

今天许小夏在学校获得了"清洁标兵"的称号并拿到了奖状，他高兴地把奖状拿给妹妹看。

小天，我获得了"清洁标兵"的称号，这是我的奖状！

谢谢啦。

哇，真的吗？让我看看。

妹妹脸上露出了惊讶的表情，接过奖状仔细查看。

年级组长检查卫生是出了名的严格，哥哥你真棒！恭喜你！

我明天要在全班同学面前发表获奖感言，但我到现在都还没组织好语言。

哥哥，你可以先和我说一说你想说些什么。

虽然获奖很开心，但许小夏还有一个小烦恼。

我想说，得这个奖是在意料之中，它本就该属于我。

不行不行，这么说太自负了，会让人不喜欢的。

许小夏模仿着发表感言的样子，说出了自己的想法。

那该怎么说才好？

遇到这种情况，首先要表示感谢，其次把成就归功于大家的帮助，最后呼吁大家一起努力。

听了妹妹的话，许小夏思考了一会儿，重新组织了语言。

嗯，没错。

感谢学校授予我"清洁标兵"的称号。我能得到这个荣誉，离不开班主任的督促和同学们的帮助。

最后，希望我们班的同学将来都能获得更多的荣誉。这样说对吗？

非常好，你这样说，既表达了感谢，又鼓舞了大家。

敲黑板

发表获奖感言时，不要过于谦虚，也不要过于骄傲，大方地表达喜悦的心情，诚恳地感谢帮助过你的老师或同学，最后向大家表达共同进取的期望就好。

变通思维小总结

本章介绍了如何运用巧妙的语言来增强沟通的能力。

① **运用积极的语言**：在与别人交流时，应避免使用否定或消极的词汇，而多使用积极的词汇。

② **求同存异**：与小伙伴意见不合时，找找大家都能接受的办法。就算不同意对方的看法，也要尊重对方，这样才能和平共处。

③ **善于倾听**：认真倾听小伙伴的意见，尊重对方的感受，这有助于你们建立更深厚的信任关系。倾听时要全神贯注，不要急于反驳别人或表达自己的观点。

④ **使用肢体语言**：和小伙伴交流时，适当运用肢体语言，能够让交流更生动有趣，也能让你的情感表达得更到位。

变通思维小挑战

每天记录至少一位成员做的贡献，哪怕是很小的事。然后在团队里分享这些好事，确保每个人都知道他们的努力被看见并得到了认可。

3

善良不软弱——
善良应该带点锋芒

总迁就朋友，这样对吗？

最近，吴小庆发现自己总是在努力迎合朋友们。

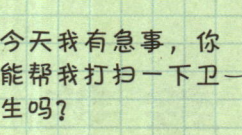

"今天我有急事，你能帮我打扫一下卫生吗？"

"没问题，交给我吧。"

"虽然我也有事，但为了朋友嘛。"

"周末也愿意来帮我复习，你真是太好了！"

"嗯，朋友嘛，理所应当。"

即使在周末，吴小庆也没能休息，而是应苏丽的邀请在图书馆帮她复习功课。

"我什么时候能做我想做的事？"

然而，吴小庆渐渐开始感到，这样的友情似乎并不平衡。

"儿子，你做得很好，但要记得，你也需要照顾自己的感受。"

于是，吴小庆向妈妈寻求了建议。妈妈告诉吴小庆，帮助朋友要把握好分寸，这样才能维持友情的平衡。

妈妈还告诉吴小庆，真正的友情是双向的，而不是只有一方付出，另一方接受。

如果你总是迁就他人而委屈自己，那么你需要与朋友建立一个新的相处方式。

明白了，我应该设定一些界限。

这个周末我们再去图书馆复习功课怎么样？

抱歉，这个周末我打算在家休息，不过你可以把你的问题记录下来，周一我会为你解答的。

于是，当苏丽再次提出邀请时，吴小庆决心做出改变。

这样也好，这段时间你陪我复习，真是辛苦了，谢谢你。

不客气，让我们一起进步！

苏丽对吴小庆的选择表示理解，他们慢慢地找到了新的相处方式。

敲黑板

真正的友情是双向的，如果总是迁就对方，反而会影响友情。健康的友谊应该是互相帮助的，同时也是互相考虑对方感受的。

同学在背后说坏话，该如何应对？

在学校的数学竞赛中，吴小庆拿到了第一名，但他在喜悦的同时却感受到了一丝异样。

怎么感觉有些不对劲？

听说小庆是靠关系拿到第一名的。

我才没有，这一切都是我凭实力得来的。

有人说吴小庆是靠关系赢得的比赛。很快，谣言像野火一样在班级里蔓延。

这些谣言让吴小庆非常难过，于是，他向妈妈倾诉了自己的委屈。

妈妈，我到底做错了什么，为什么大家要说我的坏话？

因为你的成就让某些人嫉妒，但真相总是会大白于天下的，我相信你。

听说小庆的一等奖是靠关系得的。

啊？太过分了。

散播谣言的人是我比赛中的对手，原来就是他在背后说我坏话！

吴小庆决定采取行动，找出散布谣言的人，经过一番努力，他终于锁定了目标。

吴小庆走上前和这位同学当面对峙，为了揭露真相，吴小庆向他提出了挑战。

> 你一直在我背后散播谣言，那咱们就比比看，谁才是真正的数学高手！

> 我……我今天状态不好，才不和你比呢！

> 小庆数学确实很好，他在数学课上经常回答问题。

> 你是不是说谎了？

> 你是不是在骗我们，快和小庆道歉。

他的逃避让同学们开始质疑，真相逐渐浮出水面。

> 小庆的成绩是公正的，我们都应该向他学习。

> 对不起，小庆，我不该编造谣言。

最后，得知此事的老师向大家澄清了事实，那位同学也公开承认了错误。

敲黑板

当你面对他人的坏话与谣言时，要勇于站出来维护自己，用实际行动来证明自己，因为这是最有力的回应。记住，你的价值不是由别人的言语决定的。

没办法答应朋友的邀约，该如何拒绝？

今天，妹妹兴冲冲地来到吴小庆的房间，手里挥舞着几张珍贵的门票。

哥哥，周日我们可以和爸爸妈妈一起去博物馆啦！爸爸好不容易买到了票！

啊？可是我昨天刚答应了朋友，周日要一起去游乐园玩儿。

哥哥，这是上个月就计划好的博物馆之行，你忘啦？

我朋友昨天约我时非常热情，我要是不去，他会怎么想呢？

时间的冲突让吴小庆陷入了纠结，毕竟，约他出游的那位朋友和他的关系特别好。

嗯，如果不去博物馆，确实有点儿对不住爸爸的一番心意。

好吧，我决定去博物馆，但我该怎么婉拒我的朋友呢？

这票可是爸爸费了好大劲才买到的。

你就诚恳地向你朋友说明情况，相信他会理解的。

面对两难的选择，吴小庆反复思量，最终决定周日还是和家人一起去博物馆。

妹妹基于她的经验，给吴小庆提出了建议，鼓励他勇于说"不"。

之后你可以积极弥补，主动邀请你的朋友一起玩儿，我就是这么做的。

谢谢你的建议，真的帮了我大忙。

喂，小杰，真的很抱歉，我家里有事，周日不能和你一起去游乐园了。

于是吴小庆鼓起勇气，拨通了朋友的电话。

……这次展览对我来说意义重大，下次让我请你吃顿大餐作为补偿吧。

就是这样说，哥哥，你做得太好了。

吴小庆按照事先准备的话语表达了自己的为难，朋友也很快就表示了理解，并同意改日再聚。

敲黑板

委婉地拒绝他人的邀请，也是我们人际交往的基本能力，不用感到难为情，更不用有思想包袱。如果有约在先却实在不能赴约，主动向对方解释清楚就好。

朋友的玩笑有些过分，该生气吗？

今天，吴小庆和同学们一起筹备班级联欢会，整个教室洋溢着欢快的气息。

蒋雨，你真逗，记得上次你讲的那个笑话吗？全班都笑翻了！

哈哈，那是……

看，这是我的新衣服，我生日时妈妈送的！

这衣服看起来很眼熟哇，我奶奶好像有件一模一样的睡衣。

吴小庆为了联欢会，特意穿上了一件新衣服，他兴奋地向蒋雨分享这件事。

我知道他是在开玩笑，但这种场合被这样调侃，真让人难堪。

怎么样，这个笑话够有趣吧？看你们都笑了。

蒋雨的话让吴小庆愣住了。蒋雨似乎并没有注意到他的玩笑有些过分。

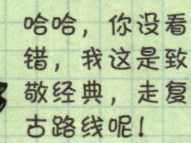

哈哈，你没看错，我这是致敬经典，走复古路线呢！

吴小庆没有选择当场与蒋雨争辩，而是巧妙地用幽默化解了尴尬，避免了冲突。

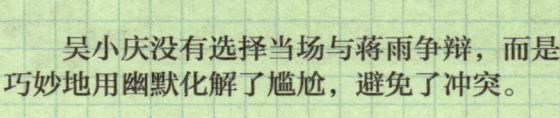

联欢会结束后,吴小庆和蒋雨两人结伴回家,吴小庆决定找机会向蒋雨表达自己的不满。

蒋雨,你今天的玩笑让我有些尴尬,那件衣服对我来说很重要。

真的吗?我完全没有意识到。

没关系,我接受你的道歉。我们还是好朋友。

小庆,对不起,我以后会注意的。我没想到我的玩笑会让你不开心。

蒋雨面露愧疚,吴小庆轻轻拍了拍他的肩膀,继续和他并肩走着。

嘿,大家,今天我有个新笑话,但这次我保证不会冒犯到任何人!

自此,蒋雨学会了如何在玩笑与尊重之间找到平衡,他和吴小庆的友情也因此更加坚固。

这才对嘛!

敲黑板

如果一个玩笑让你觉得不舒服,不必为了迎合他人而压抑自己的感受。应找个适当的时机,用温和的方式向对方表达你的想法,这样朋友间才能彼此尊重与理解。

不借钱给同学买水，就是小气吗？

上课前，林东东在座位上预习数学知识。

孙德突然走过来找林东东借钱，但被林东东拒绝了。

能借我两元钱去小卖部买瓶水吗？我没带钱。

我的钱要留着放学坐公共汽车，不能借给你。

孙德转身离开，林东东隐约听到他抱怨了一句"小气"。

小气。

明明我的钱也有用，为什么不愿意借给他，我就是小气了？

这件事在林东东脑海里挥之不去。下课后，他主动去找孙德解除误会。

发着呆的孙德被林东东吓了一跳。

刚才不是我不想借钱给你，因为我的家离学校很远，把钱借你，我就没钱坐车回去了。

其实……我明白，我不该说你小气，我当时太渴了有些着急，对不起。

欢笑中，他们解除了误会。

嘿嘿，没关系，那这件事咱就当没发生过吧？

那可不行，你刚才突然拍我的肩膀，吓了我一大跳！

敲黑板

不借钱给同学并不是小气，我们有权决定自己的钱该怎么用。当我们不想借钱给别人时，可以坦诚地与别人沟通，勇敢地拒绝。

和别人想法不同，就一定错了吗？

课堂上，地理老师问大家南北半球漩涡旋转的方向是不是都一样，大家争相回答。

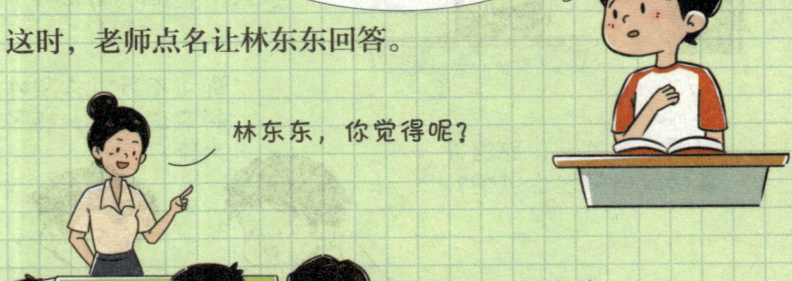

这时，老师点名让林东东回答。

林东东最终选择了和大家一样的答案。

老师的话让林东东明白：遇到问题，要学会思考和判断，不要随波逐流。

敲黑板

不同的人对同一件事有不同的看法，这很正常。当你是少数派时，不要急着怀疑自己，要给自己足够的时间思考和判断，做一个有主见的人。

同学强行"借"文具,该借吗?

咦!你又有新的铅笔了?

丁零零,上课铃响了。今天张晓的心情特别好,因为他带上了妈妈给自己新买的铅笔。

你的新铅笔能不能借我用几天?

不行!上次借你的东西你都没还给我。

同桌笑嘻嘻地凑过来,又想借张晓的铅笔。

我只是借一下,你怎么这么小气?

看张晓这次不愿意借给他,同桌生气了。

"我才不是小气，我以前借给你的橡皮、尺子和书，你都没还给我。"

"老师说了，同学之间要学会分享！"

同学们都看了过来，张晓的脸唰地一下红了。

这回，轮到同桌的脸红了。

"分享并不等于无条件地给予。如果你能爱护它们，并且及时归还，我肯定会借给你的！"

"对呀，上次我借给你的铅笔你也没还。"

"我马上就把那些东西都还给你们。"

过了一会儿，同桌把东西都还给了同学们，还诚恳地向他们道了歉。

"对不起，我不是故意的，以后我一定会注意的。"

"没关系，只要你能改正，我们还是很乐意跟你分享的！"

敲黑板

同学想要向你借东西，你可以礼貌地告诉对方你的想法。比如和对方约定什么时候归还，明确你的底线。如果同学想通过强硬的方式"借"走你的东西，你可以坚决拒绝。

朋友什么事都想独断，该如何应对？

放学路上，张晓和好朋友小宇叽叽喳喳地计划着周末的活动。

想起前几天看到的天文馆活动预告，张晓兴奋地和小宇分享。

没想到小宇会这么直接地拒绝，张晓愣了一下，还想再继续争取。

小宇的强势让张晓有点儿着急，可是他没想到自己的一句话彻底惹恼了他。

小宇头也不回地跑了,张晓很难过。

冷战不能解决问题,张晓决定再找小宇谈一谈。一番沟通后,两人和好如初。

小宇,我一直很珍惜我们的友谊,但最近我感觉我很少有机会说出自己的想法。我希望我们能更多地倾听彼此的声音,让我们的友谊更加和谐。

对不起,我从来没想过我会给你带来这样的困扰。你说得对,我应该多听听你的意见。要不我们这周去天文馆,下周再去露营吧!

太好了,一言为定!

敲黑板

在与人交往的过程中,我们应努力成为一个好的倾听者,同时也应勇敢表达自己的感受。和好朋友平等交流,才能让彼此的关系更加和谐美好。

有陌生人不认识路，该帮他带路吗？

小朋友，你们知道幸福花园怎么走吗？

午饭后，康康和妹妹在公园散步，一位老爷爷向他们问路。

老爷爷，我知道，往东走过两个路口就到。

他们告诉老爷爷该怎么走之后，老爷爷还想让他们带他过去。妹妹正准备答应时，康康拦住了她。

我刚从外地来，找不到方向，小朋友，你们能带我过去吗？

这……

好……

不好意思，我们还要回家做作业，没时间带您过去。

康康编了个理由拒绝了老爷爷，老爷爷无奈地走了。

那好吧。

骗子，你出门前刚把作业写完。老爷爷都迷路了，你还不帮他。

我们不知道老爷爷去的地方有没有危险，只指路不带路，既帮助了老爷爷，也保护了自己。

妹妹对康康拒绝老爷爷的行为表示不满，康康告诉妹妹：帮助别人时，要先保护好自己。

敲黑板

一般来说，大人不会主动找小朋友帮忙带路。指路可以，但如果对方还有其他要求，我们可以建议对方找警察叔叔帮忙。

排队时有人插队，该制止吗？

今天，许小夏和妹妹小天来到游乐场，正在排队等待中午的演出。

小天，快看！队伍好长啊！

嗯，但是演出开始前咱们应该能进去。

突然，一个比许小夏壮实的男孩想要插队。许小夏一口回绝了这个男孩，男孩有些不高兴。

我有点急事，可以让我排在你们前面吗？

不可以！我们已经排了很久，你得去后面排队！

是呀，我不能替我们身后排队的人答应你。

不讲理的是你吧！

你怎么那么不讲道理呢！

插队是不文明的行为，你再着急也不能插队。你要是有急事，应该联系工作人员帮你。

他们激烈地争论着，周围的人都看向这个男孩，纷纷表示了对插队这种不文明行为的反对。

说得对！
你不能随便插队！

对不起，我知道错了……

这个男孩终于意识到了自己的错误，然后离开了。

哥，拒绝别人时语气要平和些，因为激烈的语气容易激化矛盾。

许小夏开始向小天请教如何更好地处理类似的情况。

嘿，不愧是你，真厉害！

那下次我该怎么说呢，能不能告诉我？

首先说清楚规则，然后指明对方的错误，让公众评理！

学到了！

在某些情况下，我们也可以帮对方想想解决办法。

敲黑板

遇到陌生人插队时，可以用温和的态度表达自己的立场，明确规则。如果对方不是恶意插队的话，也要理解对方的处境，帮助对方寻找解决问题的方法，比如寻求工作人员的帮助等。

"丑照"被同学公开，该忍耐吗？

许小夏突然发现有同学在班级聊天群里发布了自己的"丑照"，他很生气。巧巧也注意到了这件事，她约许小夏去公园聊聊，希望能帮上忙。

太尴尬了！他怎么能这样做！

谢谢你的关心。我真的很生气，我也要把他的"丑照"发到班级聊天群里！

小夏，我看到班级聊天群里的照片了，做这件事的人真是太过分了！你还好吧？

听到许小夏决定反击的言论，巧巧摇了摇头，表示不同意他的做法。她建议许小夏换一种方式。

小夏，未经允许传播别人的隐私是违法的，你别这么做。

好吧……我应该找那人好好谈谈，让他不要再这么做了。

我明白了。

没错，这才是正确的做法。你要保持冷静和理智，清楚地表达你的感受，坚决要求他删除照片，并在班级聊天群里公开向你道歉。

许小夏想了想该怎么和那个同学沟通，然后把自己构思好的话讲给巧巧听，请她帮忙把关。

我准备这么说："你未经我同意传播我的隐私，已经构成违法行为，请你立即删除我的照片并在班级聊天群里道歉！"

我还可以告诉他："如果你不删除，不道歉，我就报告学校，必要时我还会采取法律手段！"

不错，就这么说！

放心吧，我的心理素质还不错，如果有什么问题，我会去找专业人士咨询。

确定好沟通内容后，许小夏和巧巧向学校走去。路上，巧巧还安慰他不要因为这件事影响心理状态。

我希望这件事不会影响你的心理状态。

敲黑板

当你发现自己的隐私被曝光，比如你的照片未经你的允许就被别人发布出去，这时首先要保持冷静，及时与发布者沟通，礼貌地表达你的感受，并要求删除照片，必要时可以积极寻求外界帮助。

变通思维小总结

本章介绍了在日常生活中，无论是面对亲友还是陌生人，优秀的变通思维能力都能让我们更加从容地处理各种问题。

❶ 冷静应对：在突发事件面前，要保持镇定，用清晰的语言描述情况，并直接指出需要什么样的帮助。

❷ 理解沟通：当遭遇同学的误解或无意的伤害时，要保持冷静和宽容的态度，尝试从对方的角度理解问题，通过和平沟通的方式解决问题。

❸ 提供建议：面对别人在公共场合中做出的不当行为，可以使用温和的语气和适当的肢体语言提醒对方，在表达不满的同时给予对方改正的机会。在必要时，也可以寻求工作人员的帮助。

❹ 礼貌拒绝：不得不拒绝别人时，要用礼貌且真诚的态度来表达自己的想法。先温和地说出你的决定，再清楚地解释原因，最后还可以及时提供一个替代方案来补偿对方。

变通思维小挑战

主动组织一次小组活动，比如一次小组讨论会或小型户外活动，并确保所有成员都清楚活动的目的、时间、地点和各自的任务。

4

灵活地解决问题——方法总比困难多

给同学送的礼物，越贵重越好吗？

宋厉的生日快到了，吴小庆决定给他一个惊喜。

给宋厉挑什么礼物好呢？

吴小庆认为礼物越贵重，就越能体现自己的心意。

就这个了！

299元？要不换一个？

不，这双鞋最适合宋厉了！

但是吴小庆囊中羞涩，于是决定回家请爸爸帮忙。

孩子，礼物的意义不在于贵，而在于心意。为什么不亲手做点儿什么送给他呢？

那我能做些什么呢？

爸爸耐心地向吴小庆解释了礼物的意义是什么。

还记得我上次教你做过的手工相框吗？

手工相框？好主意！

于是吴小庆开始在工作台上大显身手。

宋厉同学一定会感受到你的心意。

经过吴小庆的一番努力，一个充满心意的手工相框诞生了。

哈哈，这看起来太棒了！

敲黑板

给同学送礼物时，真正重要的是你真诚的心意。试试送同学那些能代表你们友情与回忆的物品吧。只要用心，就能让收到礼物的人心里暖洋洋的哟。

爸爸妈妈总是聊孩子的糗事，该如何回应？

今天吃晚饭时，爸爸妈妈兴奋地谈论起了吴小庆小时候的糗事。

哈哈，那次在超市，他把冰淇淋抹在自己脸上，像个大花猫！

记得小时候他穿着尿不湿跳舞吗？全场都笑翻了！

拜托，能不能别再提这些糗事了。

爸爸妈妈和妹妹的笑声令吴小庆感到无比尴尬，他意识到自己需要采取行动了。

爸爸妈妈还有妹妹，我知道这些事对你们来说很有趣，但对我来说有些尴尬。

吴小庆一本正经地复述了老师的相关教导。

老师说过，每个人都有自己的糗事，不应该把别人的糗事当作谈资。

我的老师也说过类似的话！

爸爸妈妈听后，交换了一个会意的眼神，嘴角浮现出歉意的微笑。

我们以后会留意的，儿子。

我们明白了，有时我们的确忽略了你的感受。

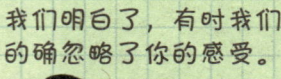

那我们聊聊昨天在游乐园玩时的趣事如何？

自此，吴小庆家确立了一条家庭守则：尊重隐私，不轻易提及令人尴尬的往事。

在之后的一次家庭聚会中，当亲友们围坐闲聊时，话题不经意间转向了吴小庆。

吴小庆与爸爸相视一笑，吴小庆分享了学校的新鲜事，周围的长辈们听得津津有味。

敲黑板

当爸爸妈妈谈论你的糗事时，如果你觉得不开心，请勇敢地告诉爸爸妈妈你的感受。他们可能没有意识到这会让你难堪，一旦知道了，他们肯定都会尽量避免的。

被同学误会了，该如何澄清？

今天，同班同学玥玥找不到她珍爱的笔记本了，她怒气冲冲地将矛头指向了吴小庆。

"吴小庆，是不是你拿了我的笔记本？"

"啊？我可没有拿你的笔记本！"

"我真的没碰过你的笔记本，玥玥，可能是你记错了。"

"昨天在图书馆除了晓萌和我坐在一起，就只有你坐在我那一桌，还说不是你？"

尽管吴小庆说了很多解释的话，但玥玥依旧半信半疑。争执引来同学的围观，这使吴小庆倍感难堪。

"苏丽，你说玥玥怎么会认为是我拿了她的笔记本呢？我可是清白的。"

"小庆，我相信你，你该主动为自己澄清。"

"没错，我得证明自己的清白。"

"走吧，我们去图书馆查个究竟。"

为了证明自己的清白，吴小庆决定和苏丽一起去图书馆看看。

经过一番搜寻，苏丽和吴小庆终于在图书馆书架的一个角落发现了玥玥的笔记本。

笔记本和昨天她们看的书混在了一起，应该是归还图书时不小心夹进去了。

据我了解，平时都是玥玥负责借书，晓萌负责还书，所以才导致了这样的误会。

难怪昨天还书时总感觉哪里不对劲儿，原来是笔记本混进去了。

回到教室后，吴小庆把笔记本还给了玥玥，并解释了他们是怎么找到它的。

唉，你以后还书时一定要仔细些呀。

小庆，对不起，是我误会你了，感谢你帮我找回笔记本。

哈哈，没事的，误会解开了就好。

最后，误会终于得以解除，玥玥向吴小庆表达了真诚的歉意。

敲黑板

被同学误会时，要先冷静下来，想一想自己有没有不对的地方，是不是对方误解了自己。我们要弄清事实，寻找机会与对方沟通，争取与对方达成和解。

上台做演示时出糗，该怎么办？

今天的体育课上，牛老师正在悉心指导同学们跳健身操。

牛老师见吴小庆非常活跃，决定让他在大家面前示范一下。

当吴小庆站上台时，紧张感让他频频出错，这引来了同学们一阵阵的笑声。

吴小庆在台上十分不安，心中快速思考着该如何应对当下的处境。

当你展现出不完美时，就用幽默来大胆承认吧！

对哦，我可以使用自嘲的技巧。

于是吴小庆便在脑海里迅速组织好语言，选择用自嘲来化解尴尬。

那就请大家把我这台"人工智障机器人"当作反例，知道哪些动作不要学我就好了！

没想到他还挺幽默的！

哈哈，他真会开玩笑！

敲黑板

尴尬时刻，不妨尝试自嘲来化解紧张气氛，这不仅能够帮助自己快速摆脱尴尬，还能展现个人的豁达与自信，有时甚至能因此收获更多的好感和尊重。

吴小庆的幽默感赢得了同学们的掌声，令人尴尬的场面瞬间充满了欢声笑语。

做黑板报的时间紧迫，该如何应对？

星期三的下午，老师给小泽布置了一个非常有挑战的任务，他既兴奋又紧张。

> 下周一学校要举办黑板报比赛，我们班也要参加。小泽，你画画不错，就由你来负责这次的黑板报吧！

> 老师，我会尽力的！

晚上一回到家，小泽就开始查找各种参考资料，思考黑板报的图案设计。可是画了很多稿他都不满意。

> 小泽，还没画好吗？要注意时间，早点休息哟。

> 时间好紧，我怕我完不成。

第二天课间，同学们都出去玩了，小泽还在座位上看着黑板报的设计图纸发呆。

> 小泽，黑板报设计得怎么样了？

> 我好像做不好，我可以随便画吗？

> 黑板报是展示我们班级风采的窗口，不能马虎。你一个人的力量是有限的，我们可以收集同学们的意见，一起设计出最漂亮的黑板报。

> 对呀，我怎么没想到！

大宇看出小泽的烦恼，给他提了一个很好的建议。

小泽立刻召集了几位同学,向他们征求意见。大家围在一起,七嘴八舌地讨论了起来。

几位有画画功底的同学还主动请缨,和小泽一起画黑板报。在大家共同的努力下,一幅和谐的充满生机的黑板报很快就完成了。

经过评比,他们班获得了最佳创意奖。大家欢呼雀跃,紧紧拥抱在一起。

敲黑板

每一项任务我们都应该尽职尽责地完成。如果觉得自己没办法完成任务,不妨向身边的人求助。一个人的力量是有限的,当大家共同努力时,创造的果实会更甜美。

比赛前主力受伤，该如何逆转局势？

小泽和妈妈在看田径比赛，他对运动员的跑法感到奇怪。

还有一圈半呢！为什么他从现在就开始加速了呢？

他这样跑，一会儿冲刺时可就没体力了呀！真想不明白！

妈妈告诉小泽这是一种战术。

这是一种战术，比赛考验的不仅仅是实力，还包括战术安排。

第二天，老师宣布学校准备在下周举行运动会。

小泽和队友们开始了紧张的训练。

下周就要举行运动会了，我们班报名参加接力跑的同学要加油呀！

大家加油！

可是就在比赛的前两天,班里参加接力跑的主力选手大宇摔伤了,大家决定想办法应对这个突发情况。

我们让跑得快的先跑,给最后一棒建立优势,这样一来替补的最后一棒就不会有太大压力了!我们就还有取胜的机会!

比赛时,大家按照既定的战术安排,成功取得了第一名!

敲黑板

在做任何事情时,我们都要具备战术思维,要去了解、预测每一件事情中可能出现的情况,并提前想好应对策略。我们要做主动的导航者,而不是被动的观察者,尽可能地以最有效的方式实现我们的目标!

心爱的模型被人弄坏，该怎样索赔？

今天，许小夏、大川和几位"模型迷"在模型店聚会，互相展示他们收藏的模型。

大家看！这是我最自豪的收藏品，不错吧？

哇哦，它的做工太精致了吧！

你肯定花了好长时间组装吧？

突然，许小夏想去洗手间，便把模型放在了桌子上。可他返回时，却发现自己的模型被另一位"模型迷"摔坏了。

收拾好模型碎片后，大川跟许小夏解释了事情的经过。那位"模型迷"看起来非常内疚。

什么情况？我的模型怎么摔坏了？

对……对不起，是我的错……

刚才他想仔细看看你的模型，可是没拿稳，不小心将它摔在了地上。

真的很对不起！

许小夏向那位"模型迷"提出赔偿，那位"模型迷"表示愿意支付赔偿。

行，没问题，我愿意赔！

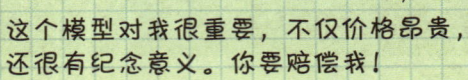

这个模型对我很重要，不仅价格昂贵，还很有纪念意义。你要赔偿我！

于是，许小夏开始琢磨，该怎么跟他商量具体的赔偿方案。大川见状，给了许小夏一些建议。

"你说我该怎么提出赔偿方案比较合理呢？"

"你可以提供购买凭证来证明它的价值，并给出几种可行的解决方案。"

按照大川的建议，许小夏拿出手机，给对方看了自己的网购账单，并给了两个赔偿方案。

"这是当时购买模型的账单，加上我花费的时间和精力，我觉得你给我这么多赔偿金比较合理。或者，找个靠谱的修理店修理，费用你来出，怎么样？"

最终，他们达成了共识，对方选择直接支付赔偿金。

"这次真的对不起，以后我会注意的。"

"谢谢你的理解。"

敲黑板

当你进行索赔时，要清楚地表达你的感受和需求，然后出示购买凭证来证明物品的价值，提出合理的赔偿方案，达成双方都能接受的解决方案。沟通过程中要注意保持友好的态度。

与朋友意见不合，该如何委婉表达？

许小夏和白宇、张秋在公园讨论《西游记》中的孙悟空和二郎神谁更强大。白宇坚定地认为二郎神更强大。

二郎神更强！他成功捉拿了孙悟空，这足以证明他的实力！

许小夏并不赞同白宇的观点，但不知道怎么说。当白宇去洗手间时，许小夏向张秋寻求建议。

其实我不同意白宇的观点，我认为孙悟空和二郎神的实力不分伯仲。

那你刚才怎么不说出来呢？

我不知道怎么委婉地表达，我怕会引起争执。

你可以先对他的观点给予积极的评价，再礼貌地提出你的见解。

张秋建议许小夏用恰当的方式勇于表达自己的观点。

表达时要给出理由，再举例支撑，最后邀请对方进一步讨论。

我懂了，这样就不会让对方觉得我的态度强硬了。

听了张秋的建议,许小夏便在白宇回来后试着表达自己的观点。

当然,你说吧。

白宇,你的观点很有意思,我认为你对二郎神的理解很到位。我想分享我的一些想法,你愿意听听吗?

尽管二郎神捉拿了孙悟空,但在后续的故事中,孙悟空展现了非凡的智慧和强大的力量。所以,我认为他们的实力是相当的。

许小夏将《西游记》中孙悟空后续的几处精彩表现作为例子,对白宇进行了说明。

比如,孙悟空在车迟国同三个妖怪斗法时就表现了他强大的本领和非凡的智慧。还有……如果你有不同的看法,我们可以聊聊,我也想多了解一点二郎神。

嗯……你说得也有道理。

敲黑板

在表达不同的意见时,首先要肯定对方观点中的合理之处,然后礼貌地表达自己的观点。可以通过列举事例来支撑你的观点,并就自己的知识盲区虚心向对方请教。

被误会实验操作错误，该如何澄清？

化学实验课上，许小夏和大川被老师要求进行示范操作。实验过程中，桌上的实验仪器突然喷出了大量泡沫。化学老师马上查看情况，被吓到的同学们认为是许小夏和大川操作不当所致。

"太吓人了！"

"哇，怎么突然冒出这么多泡沫！"

"如果没有失误，怎么有这么多泡沫，你们别找借口了。"

"还好没有人受伤。"

同学们的误解让许小夏不知所措。这时，妈妈曾经教导他的话浮现在了他的脑海里。

"是不是你们哪个步骤没做好？"

遭遇误解或质疑时不要慌张，要理解并安抚对方的情绪，再用证据澄清事实，并积极寻找解决办法。

"我们都是严格按照说明书操作的。这种情况可能是别的原因导致的。"

"老师，同学们，真的很抱歉让大家受惊了，但我们认为操作没有问题，可能是说明书有误。老师，您能检查一下吗？"

许小夏按照妈妈的建议，迅速寻找证据，向老师和同学们解释情况。

"你觉得是说明书的问题？那我来确认一下。"

确实是说明书中的试剂比例有误,才导致出现这种情况。

老师根据许小夏的建议,仔细检查了说明书,最终确认是说明书写错了。

我就说嘛,肯定不是我们操作的问题!

小夏他们处理得很好,现在我们请他们按照正确的比例重新做一次实验吧。

老师向大家解释了情况,并指导许小夏和大川重新做了实验。

对不起,误会你们了。

多亏你及时澄清了事实,不然我们可就尴尬了。

没关系,大家都了解到是怎么回事就好了。

单靠争辩很难解决问题,我们要靠证据证明自己。

敲黑板

当被别人误会时,第一时间解释清楚很重要。要保持冷静,条理清晰地说明原因,找到相关的证据证明自己,这比单纯的争辩更有用。

说错话伤害到了朋友，该如何补救？

小龙正和小东在座位上聊天，他们两个人都十分激动。

小龙讲到小东最喜欢的角色时，小东很不同意他的说法，小东认为小龙伤害到了他。

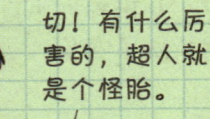

小龙很委屈，他只是说出了自己的想法，难道做错了吗？

小龙找到老师请教该怎么办，老师教给了他一个方法。

小龙找到小东道了歉，小东原谅了他，他们和好如初了。

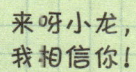

敲黑板

当我们和朋友相处时，要注意自己的言行。朋友之间最容易因为一些玩笑话或无心之失伤害到彼此，当我们意识到自己的言行让朋友感到不适时，要及时向朋友解释清楚，避免误会加深。

和朋友的解题方法有分歧，该怎么办？

钟嘉明和张强在讨论数学问题时起了分歧。

这道题列个方程就好啦。

直接计算就能得出答案，何必多此一举？

钟嘉明和张强都认为自己的解题方法最便捷。

这道题考的是代数思维，列方程更符合题意。

简单的问题为什么要复杂化？

钟嘉明和张强都有些生气，谁也不服谁。

笨！做题要举一反三，这类题目就该用方程解。

你才笨，强词夺理！

苏晶听到了他们的争执，前来劝解。

你直接计算的方法，像用斧头劈开障碍物，直奔目的地。

你列方程的方法，像仔细研究了地图后，循着最佳路径前进。解数学题就像探索一片未知的森林，你们都是勇敢的探险家，有什么好吵的呢？

敲黑板

沟通遇到分歧时，要有求同存异的思维。这意味着，在意见不合时应该先冷静下来，寻找双方立场的共通之处，再以此为基础进一步展开讨论。

变通思维小总结

本章介绍了在面对困境时，保持灵活应变的心态至关重要，这是我们不断前行、超越自我的关键。

❶ 冷静力辩：如果被人误解或受到不实的指控，首先要让自己冷静下来，然后基于事实，条理清晰地进行解释，为自己辩护。避免使用情绪化的语言陈述自己的观点，要准备好相关的证据来支持自己的说法。

❷ 善于运用幽默：遇到尴尬的情况时，可以用轻松幽默的方式化解紧张的气氛，但要注意场合和方式。

❸ 提供建议：多站在小伙伴们的角度想问题，看看他们需要什么帮助，然后给他们一些实用的建议，帮助他们共同成长和进步。

❹ 学会有效沟通：学会倾听别人的意见，并清晰表达自己的想法，这能够帮助我们解决冲突，增进彼此间的相互理解。

变通思维小挑战

找家人或者几个同学聊天，尽量使用积极、鼓励和支持性的话语同他们交流，然后记录下你说的积极词汇和他们的反应，看看效果怎么样。

5

思维大转弯——让事情变得更简单

多学一种解题思路，考试能否举一反三？

下课了，小泽还在草稿纸上圈圈画画，大宇看到后很不理解。

"小泽，这道题你不是已经做对了吗？还研究什么呢？"

"我想看看还有没有别的解题方法，这样考试时就能更灵活地应对了。"

"看小泽，这么简单的题还要问老师，真是浪费时间。"

放学后，小泽拿着笔记本，向老师请教另一种解题思路。

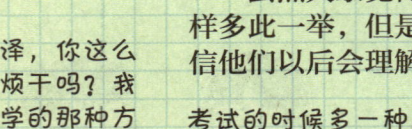

新解法找到了，小泽兴奋地和小伙伴们分享着自己新学到的解题思路。

"你们看，这道题其实还可以从这个角度入手，利用这个公式……"

"小泽，你这么麻烦干吗？我们学的那种方法就很好哇。"

虽然大家觉得小泽这样多此一举，但是小泽相信他们以后会理解的。

"考试的时候多一种思路就多一分把握，慢慢地你们就明白了。"

没想到单元测试时,这道题又出现了,不过老师把条件做了一些改动。可这难不倒小泽,他很快就做出来了。

测试结束后,同学们围着小泽,要小泽告诉他们做题快的秘诀。

这道题的条件怎么变成这样了?

因为那道题还可以用另一种思路来解答。

小泽,你那道题怎么做得那么快?

原来多一种思路真的能带来这么大的不同。我以前错怪你了。

这时候,老师也走过来表扬小泽。

小泽,你的坚持和努力给大家上了很好的一课。做题时不仅限于找到答案,更要学会举一反三。你做到了,值得表扬。

谢谢老师。

小泽,我们要向你学习!

敲黑板

当我们遇到难题的时候,不妨像小泽一样,多尝试,多思考,学会举一反三,找到不同的解题思路,这样不仅能加深我们对题目的理解,还能锻炼我们的思维能力。

表哥久寻工作无果，为什么不随便做一个？

今天，爸爸妈妈邀请表哥来家里做客。很久没见到表哥了，小泽非常高兴。

表哥的学习成绩很好，他一直是小泽的榜样。听到他还没找到工作，小泽有点儿着急。

看大家不太理解，表哥拿出笔记本电脑，向他们展示了自己的职业规划书。

趁着大人在聊天，小泽悄悄把表哥拉进房间，把心中的小秘密告诉了他。

表哥，我很喜欢画画，但是我画得不太好，我想提升绘画水平，你能教教我怎么做规划吗？

小泽，首先你可以请美术老师帮你分析你更适合哪种画风，找准了方向，再报名合适的培训班，由专业的老师教你，这样你的进步会很快的。

听了表哥的话，小泽恍然大悟。

小泽，记住，人生就像一场马拉松，不在于瞬间的爆发，而在于找到正确的方向并坚持下去。

我明白了，我以前一直都是自己想画什么就画什么，没有找到提升水平的正确方向。

我们一起努力！

表哥要回去了，小泽依依不舍地和他告别。

表哥，我会像你一样有自己的目标和规划的。

敲黑板

在人生的道路上，不要急于求成，更重要的是明确自己的目标，制订合理的规划，并坚持不懈地朝着梦想前进。

黑板报比赛，该如何脱颖而出？

美术老师给大家布置了一个新任务，同学们跃跃欲试。

一下课，同学们就聚在一起讨论怎么设计黑板报。

同学们说得都很好，可是小泽想设计出更特别的黑板报。

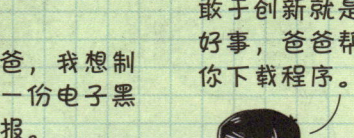

小泽有信心能做好电子黑板报。晚上一回家他就向爸爸请教。

敲黑板

如果你想让自己的作品脱颖而出，就要保持开放的心态，敢于打破常规，勇于尝试新事物，让大家看到你的创意。

同桌的成绩不理想，他为什么依旧干劲十足？

这次单元测试，君君的成绩不太理想。他拿着试卷，脸上写满了失落。

小泽没来得及安慰君君，上课铃就响了。

可是君君的表现却出乎小泽的意料，君君还是那么积极地回答问题。

一下课，君君又拉着小泽去图书馆。

君君听到小泽的话,脸上绽开了笑容。

气馁并不能改变我没考好的事实,我现在充满干劲,准备好好复习,我就不信下一次我不会进步。

你这么乐观自信,我相信你下次一定会考好!

小泽和君君来到图书馆。君君根据他这次考试的弱项,找到了适合他的书。

这回我更有信心了!

君君,我也陪你一起学习,我们一起进步!

期末考试成绩公布,君君真的进步了很多,大家都为他开心。

君君你进步真大!

付出一定会有收获!

敲黑板

面对失败,我们要学会迅速调整心态,从中吸取教训,勇于做出改变,在追求梦想的路上勇往直前。

同学的作业借鉴了名画，老师为什么夸他？

美术课上，老师正在逐一评价同学们的作业。当大宇的作业出现时，老师眼前一亮。

大宇的这幅画巧妙地借鉴了名画的元素，并融入了自己的创意，展现出了很好的设计思维。

借鉴了名画就能展现出很好的设计思维了？

课间休息时，小泽忍不住向大宇询问他的创作灵感。

其实我开始也是想模仿，但画着画着，就想试试能不能加点自己的想法进去。没想到效果还不错。

大宇，你是怎么想到在画里加入那些名画元素的？老师还夸你有设计思维呢。

可是，那样不就变成混搭了吗？

是呀，但混搭也是一种设计。关键在于你能不能让这些元素看起来更和谐，表达出你的想法。

如果我能把这幅画的色彩和线条，与我之前画过的一个场景结合起来，会是什么样子呢？

几天后，小泽在翻阅画册时，突然被一幅画吸引。

于是，小泽拿起画笔，开始尝试。

经过几个小时的努力，小泽终于完成了一幅新作品。

你这幅画既借鉴了名画的元素，又融入了你自己的想象和情感，非常棒！

爸爸妈妈，你们觉得我这幅画怎么样？

小泽主动把自己的作品分享给大宇，大宇也非常欣赏小泽的新画作。

小泽，你这一次的画非常有创意。

我现在懂了，画画也要大胆尝试，大胆借鉴，让作品拥有独特的灵魂。

敲黑板

借鉴不是照搬照抄。我们可以跳出传统框架，在借鉴中融入自己的思考和创意，让我们的作品焕发出新的生命力。

老师讲解难题时，为什么喜欢假设一个答案？

数学课上，李老师教大家学习使用逆向思维，她让同学们给一道难题假设答案。

李老师一步一步教同学们解析，可是小泽还是想把心中的不解告诉君君。

小泽想跟上老师的节奏，但刚才的分心让他难以集中注意力。他对这道题的解法仍然是一头雾水。

下课铃声响起，小泽依然没有头绪。他看着黑板上的推导过程，感到既挫败又无奈。

君君建议小泽请教一下李老师。

学习不能一知半解，我觉得还是得请老师教教你。

小泽，你知道吗？在数学的世界里，有时候直接求解可能并不容易，但如果我们换个角度，从结果出发去推导条件，也许能找到更简便的解法。这就是逆向思维的力量。

办公室里，李老师告诉了小泽逆向思维的重要性。

老师，我试试看。

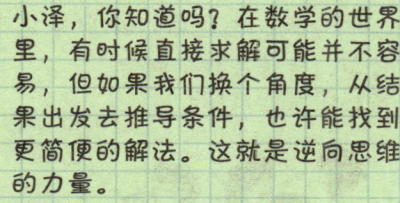

经过李老师的悉心指导，小泽惊讶地发现，通过运用逆向思维，自己不仅能顺利推导出题目中的隐藏条件，还能以一种全新的视角理解题目的解法。

我做到了！我真的会解这道难题了！

小泽，我就知道你能行！

敲黑板

当我们遇到难题时，不妨试着运用逆向思维，或许能找到意想不到的解题方法。同时，我们也要勇于尝试新方法，不断探索，让自己的思维更加灵活。

景区里的拍照位置被抢占，该怎么办？

今天，爸爸带许小夏来到市里有名的云心湖景区拍照采风。

爸爸，我想去找个好位置拍照发朋友圈！

行，你去吧！我在湖边的游客中心等你。

许小夏找到了个好位置，刚准备自拍时，突然被两位阿姨挤到了一旁。

对呀，拍完照，我要发个朋友圈。

哇，这里拍出来的效果肯定特别好！

许小夏不知如何是好，而且他发现这个位置被越来越多的游客发现了，大家在这里挤作一团。

快看，那边有人在拍照，看来是个好位置！

我们赶紧过去！

被挤出人群的许小夏失落地回到爸爸身边，跟他说了刚才发生的事情。

有时候，表达自己的想法很重要。你可以试着与大家商量，提出合理建议解决问题。

爸爸，我找到的好位置突然就来了好多人，我没法上前拍照了。

听了爸爸的话，许小夏鼓起勇气回到那个好位置，向大家提出了自己的建议。

叔叔阿姨们，人太多了，我们可以排队拍照，这样大家都能拍好，怎么样？

这主意不错。

对呀，小朋友都这么说了，大家还是排队拍吧。

这样排起队来，速度快多了。

我觉得这小伙子说得对，我们都挤在这里，既浪费时间，又难拍好。

听了许小夏的建议，一些游客排起了队，其他人见状纷纷加入，场面变得秩序井然。

我帮你拍，你再帮我拍怎么样？

敲黑板

在景区遇到大家都想在好位置拍照时，可以从对方的角度出发，礼貌地提出合理的建议，推动事情的发展，比如提议大家排队拍照，互帮互助等。

爸爸打算创业，他为什么要做好失败的准备？

吃晚饭的时候，爸爸向大家宣布了他的重大决定。

我打算创业了！不过我也在想，如果失败了该怎么办。

爸爸，为什么还没开始就在想失败后怎么做了呢？不是应该想怎么成功吗？

看我一脸疑惑，爸爸妈妈向我解释。

小泽，在一件事情开始前，我们都不知道结果会怎样，但要做好面对每一种结果的准备！提前考虑失败的可能性，能让我们在遇到挑战时更加从容不迫。

小泽，这叫底线思维，我们做事的时候提前做最坏的打算，才能找到方法应对可能出现的困难。

这次考试将采用新的试卷类型，大家可要把握好时间！

新的试卷类型我肯定不熟悉，考试时可能会遇到时间不够的情况，我必须对做题策略做出调整！

所以我在学习的时候也可以试着用底线思维，对吗？

小泽受到了启发，开始试着在学习中运用底线思维。

果然，在考试时，新的试卷类型让大家措手不及，但小泽早已做好了准备。

"时间不够了，不会做的题目我就放弃，争取把会做的题目分数都拿到。"

这次考试小泽取得了好成绩，老师表扬了他。

"小泽，你这次考得很不错！"

"老师，因为我提前想到了考试时间可能会不够的情况，并想好了应对策略。"

小泽开心地和爸爸分享了自己成功运用底线思维的事情。

"爸爸，这次考试前我运用了底线思维，预测了考试中可能遇到的情况并提前做好了准备。"

"小泽太棒了，继续加油吧！"

敲黑板

底线思维不仅是一种策略，也是一种智慧。它让我们正视自己的不足，提前为可能的失败做好准备，从而激发我们内在的潜力。

为了胜利，可以不顾一切吗？

放学后，钟嘉明留在教室写辩论赛辩词的草稿。

钟嘉明发现王岳也在写辩词。

王岳把草稿放进抽屉就回家了，钟嘉明想偷看。

钟嘉明最终没有偷看。

爸爸问钟嘉明怎么这么晚回家,钟嘉明说自己留在教室里写辩词。

钟嘉明告诉爸爸他没有偷看对方的辩词草稿,爸爸夸他很有原则。

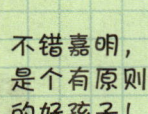

敲黑板

　　追求胜利时,不能不择手段,我们应当以道德为基石,通过不懈的奋斗和智慧的碰撞去争取胜利。只有这样,才能无愧于心,并赢得他人的尊重。

身边的人都很优秀，该怎么摆正心态？

大家都很优秀，钟嘉明觉得自己没有任何优点。

李响博古通今，历史很好。苏晶的成绩一直是全班第一。王岳的人缘很好，大家都喜欢他。

他们都好厉害，我什么优点也没有。

爸爸觉得钟嘉明有很多优点，但钟嘉明不认同。

爸爸，你觉得我有什么优点？

你成绩好，会打篮球，会唱歌，朋友很多。

可苏晶的成绩更好，张强打篮球也很厉害，王岳的人缘比我好。

每个人都有自己的优点，不必总是和别人比较。

爸爸告诉钟嘉明更重要的是和自己比较。

你要做的是和自己比，看今天的自己是否比昨天做得更好。

我明白了，我会努力的。

敲黑板

与他人的比较是偷走幸福感的小偷，它容易让我们失去对自我价值的正确认知。我们应该多与自己比较，而不是总与他人比较。

同桌上课时喋喋不休，该怎样提醒她？

孟小林的同桌是个开朗的人，表达能力也特别强，到处都能听到同桌的声音。

但同桌的开朗不仅表现在课外，上课的时候也说个不停。

长此以往，孟小林不胜其烦，因为同桌的喋喋不休影响了孟小林认真听讲。

上课时，同桌准备和孟小林说话。孟小林做手势让同桌安静，并决定在课后和同桌好好聊一聊。

上课说话是不尊重老师的行为哟。

课后孟小林认真地告诉同桌，上课说话会导致分心，不仅不尊重老师，还会浪费了自己与他人的时间。

我就是忍不住想和你分享有趣的事。

上课就要认真听讲，不然老师会感觉不被尊重，我们也学不到知识呢！

为了不伤害同桌，孟小林肯定了同桌说的内容是有趣的，但希望她以后能够课后再和自己探讨。

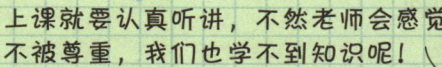

课后我们有更多的时间探讨哟！

那课后我们一起研究制作模型吧？

敲黑板

对上课总是说话的同桌，可以用眼神示意、轻碰提醒、小声暗示等方式提醒他，同时告知他课后交流的好处，这样既不伤害他的自尊心，也能还你一个安静的课堂环境。

变通思维小总结

本章介绍了如何跳出常规思维模式，运用创新且高效的方法来处理问题，从而使事情变得更简单。

① **制订学习计划**：明确的学习计划能帮助我们分清事情的轻重缓急，避免无谓的忙碌。学会设定目标，每一步都朝着既定方向迈进，会让我们的努力更有方向，成果更加显著。

② **构建知识网络**：学会用系统思维串联起各个知识点，这不仅能加深你对知识点的理解，还能让你在解决问题时灵活运用学过的知识，触类旁通。

③ **勇敢打破常规**：在学习中，不要害怕尝试新方法、新思路。面对难题，不妨换个角度思考，或许会有意想不到的收获。勇于质疑，敢于挑战权威，你的每一个新想法都可能成为打开新世界大门的钥匙。

变通思维小挑战

找一个和你观点不同的朋友，友好地交流一下，然后思考对方为什么会这么想，以及你如何能够更好地接纳这些不同的观点。